Vortrag gehalten auf der Feier des Leibniz-Tages
der Deutschen Akademie der Wissenschaften zu Berlin
am 4. Juli 1957

Erschienen im Akademie-Verlag GmbH, Berlin W 8, Mohrenstraße 39
Lizenz-Nr. 202 · 100/592/57
Gesamtherstellung: IV/2/14 - VEB Werkdruck Gräfenhainichen - 806
Bestell- und Verlagsnummer: 2003/62
Preis: DM 1,–
Printed in Germany

Es entspricht einer alten Gepflogenheit unserer Akademie, daß an dem Tage, den wir dem Andenken von Gottfried Wilhelm Leibniz widmen, vor der Öffentlichkeit Rechenschaft abgelegt wird über die Arbeit der Akademie und in dem Vortrag eines Akademie-Mitgliedes über Wesen und Bedeutung, über Stand und Entwicklung seines Fachgebietes gesprochen wird. Wenn in einer Zeit, in der die gespannte Aufmerksamkeit aller Menschen auf die Entwicklung großer physikalischer und technischer Probleme gerichtet ist, heute in dieser festlichen Stunde über Sinn und Bedeutung der Kulturpflanzenforschung berichtet werden darf, so mögen Sie hieraus erkennen, wie sehr unsere Akademie der großen Verpflichtung dient, viele Gebiete der Wissenschaft in ihrem Bereich zu pflegen und zu fördern.

Gewiß kann der Landwirt oder Biologe, der Probleme der Kulturpflanzenforschung im weitesten Sinne bearbeitet, sich zunächst nicht rühmen, über ähnliche aufsehenerregende Ergebnisse zu berichten, wie sie anderen Gebieten der Naturwissenschaften in einer verhältnismäßig kurzen Zeit erreichbar sind. D. h., auch diese Ergebnisse der Physik und der Technik, die heute in aller Munde sind und die über Wohlstand oder Untergang der Menschheit mit entscheiden werden, reichen in ihren Anfängen weit zurück, bis in jene Zeit, in der man begann, über die stoffliche Zusammensetzung der Materie nachzudenken. Den eigenen Gesetzen der Forschung, dem unaufhaltbaren Beschleunigungsprozeß in der Vermehrung wissenschaftlicher Erkenntnisse und dem Eingreifen ganz bestimmter glücklicher oder unglücklicher Umweltbedingungen verdanken wir diesen Höhepunkt physikalisch-technischer Entwicklung. In der Regel vollzieht sich dieser Prozeß im Bereich einzelner

Wissensgebiete gleichmäßiger, mit Wellen und Tälern, mit Vorsprüngen und Rückschlägen über die Menschengenerationen hinweg und von dem einzelnen fast unbemerkt.

So ist der Biologe fast noch immer an die Eigenart seiner Objekte und an den Rhythmus ihrer natürlichen Entwicklung gebunden, und die Fragen, die er an diese Objekte richtet, können oft erst nach vielen Jahren beantwortet werden. Dennoch scheint mir, sind die Ergebnisse und Probleme der Kulturpflanzenforschung nicht weniger erregend, wenn auch nicht so aktuell und möglicherweise unmittelbar lebensbedrohend, als diejenigen der theoretischen und angewandten Physik, wenn wir bedenken, wie eng beide miteinander verbunden sind, in der Aussicht über Glück oder Unglück der Menschheit zu entscheiden. Es bedarf keines Wortes, welche grundlegenden Änderungen unseres Weltbildes, welche großen Möglichkeiten in der Energieversorgung und in anderen Gebieten der Technik, in der Medizin, der Biologie und der Landwirtschaft die Erkenntnisse der Kernphysiker bewirken werden. Wieweit sie aber der friedlichen Entwicklung in dieser Welt dienen, also nicht mißbraucht werden, hängt davon ab, wie schnell die Vernunft der Menschen siegen wird, wie sehr wir also selbst die Herren dieser Mächte bleiben, wieweit somit die Gefahr kriegerischer Auseinandersetzungen auf dieser Erde endgültig aus dem Bereich des Möglichen verbannt werden kann.

An der Beseitigung dieser Gefahr hat die Kulturpflanzenforschung in umfassendem Sinne bedeutenden Anteil. Denn einer der vielen Gründe für den Ausbruch von Kriegen sind Hunger und Not, sind Unzufriedenheit und Armut, die heute noch mehr als die Hälfte der Menschheit bedrücken. Sicherlich ist das Problem der Beseitigung des Hungers nicht allein eine Frage der Steigerung der Produktion landwirtschaftlicher Erzeugnisse und damit ein besonderes Anliegen der Kulturpflanzenforschung, sondern im gleichen Maße ein weltweites, gesellschaftspolitisches Problem, das die richtige Verteilung der auf dieser Erde produzierten Nahrungsmittel und damit die Überwindung von Wirtschaftssystemen fordert, die Hungerkatastrophen zulassen. Vor welchen Zukunftsaufgaben die Kulturpflanzenforschung mit allen ihren Seitenzweigen in dieser Situation steht, wird noch zu zeigen sein. Was sie in der Geschichte der Menschheit bisher erreicht hat, mag eindrucksvoll aus der Tatsache hervorgehen, daß jeder Jäger und Sammler der Vorzeit eine Fläche von vielleicht 10 bis 20 qkm benötigte, um seinen Hunger zu stillen, und daß auf einer Fläche derselben Größe heute 3 bis 6000 Menschen ernährt werden können.

Wenn wir diese Tatsache als das bisherige Ergebnis einer langen Entwicklung ansehen, so erhebt sich die Frage, welche Faktoren denn im wesentlichen die Steigerung der Nahrungsproduktion während der Entfaltung menschlicher Kultur und Zivilisation bewirkt haben. Bei einer solchen Überlegung denken wir an die Entwicklung der Landwirtschaft, im besonderen an die Fortschritte des Acker- und Pflanzenbaues, die Bearbeitung und Düngung unserer Böden, die Einrichtung von Fruchtfolgen zur Erhaltung der Bodenfruchtbarkeit, die Entwicklung des Zwischenfruchtbaues und die Auswahl geeigneter Sorten. Wir erinnern uns der Fortschritte der Pflanzen- und Tierzüchtung in der Schaffung neuer Sorten und Rassen, der Erfolge der Pflanzen- und Tierernährungsforschung, der Erkenntnisse der Phytopathologie und der Tierseuchenforschung in der Bekämpfung von Krankheiten, der Begründung der Düngemittelindustrie, des landwirtschaftlichen Maschinenwesens und anderer Dinge mehr. Über diese großen Probleme aus der Geschichte der Landwirtschaft will ich heute nicht sprechen.

Das entscheidende Problem, das am Anfang dieser Entwicklung steht, ist eng verbunden mit den großen Stufen in der Entwicklungsgeschichte der Menschheit, dem Übergang von der Jagd- und Sammlertätigkeit zur Weidewirtschaft und von der Nomadenwirtschaft zur Seßhaftigkeit und damit zum Ackerbau und zur Erfindung des Pfluges. Es ist das Problem der Entstehung der Kulturpflanzen aus Wildpflanzen, diesem in der Geschichte der Menschheit so bedeutungsvollen Entwicklungsprozeß, ohne den menschliches Leben auf der Erde nur in sehr beschränktem Maße möglich gewesen wäre.

Der Entstehungsgeschichte unserer Kulturpflanzen nachzusinnen, als einem maßgebenden historischen Prozeß bei der Evolution der menschlichen Gesellschaft, ist eines der Probleme, die uns in der Wissenschaft von den Kulturpflanzen immer von neuem nach dem Verlangen zu leidenschaftlicher Forschung erfüllen. Es ist das Besondere dieses Arbeitsgebietes, daß es nicht im engen Bereich spezialisierter biologischer Untersuchungen verharren darf, sondern nur dann dem erstrebten Ziele nahekommt, wenn viele geisteswissenschaftliche Disziplinen, Paläontologie, Vorgeschichte und Archäologie, Geschichte und Mythologie, Völkerkunde und Sprachforschung zur Lösung mancher Probleme herangezogen werden, die dann die Gesamtschau ermöglichen. Aber Kulturpflanzenforschung mit solchem Sinn hat nicht nur zu ermitteln, welche biologischen und gesellschaftlichen Vorgänge erfolgt sind, um Kulturpflanzen entstehen zu lassen und sie oft weit zu verbreiten, sie hat in gleicher Weise aus dem in der Geschichte der Menschheit historisch Gewordenen, das Neue, Künftige und mit den modernen Methoden naturwissenschaftlicher Forschung Mögliche zu erkennen und zu verwirklichen. Es kommt also für den Biologen nicht allein darauf an, zu erforschen, wie alte und bekannte Kulturpflanzen einmal entstanden sind und sich auf der Erde verbreitet haben, sondern in gleicher Weise zu überlegen, wie neue geschaffen werden können. Dies ist der eigentliche Sinn moderner Kulturpflanzenforschung, wie sie in unserer Akademie getrieben wird.

Die Frage nach der Entstehung der Kulturpflanzen aus Wildpflanzen ist damit zentral auf die biologischen Vorgänge gerichtet, die Unterschiede zwischen Wildpflanzen und Kulturpflanzen bewirkt haben. Der Biologe bedient sich hierbei vieler Zweige seiner Wissenschaft. Er hat in gründlichen botanisch-systematischen Untersuchungen die in der Welt vorhandene Formenmannigfaltigkeit einer Kulturpflanzengattung zu studieren und zu ordnen und mit den Methoden pflanzengeographischer Forschung ihre

Verbreitung zu untersuchen. Er hat die anatomisch-morphologischen Verschiedenheiten festzustellen, die Wildpflanzen von Kulturpflanzen trennen. Er muß mit genetisch-cytologischen Methoden die Art und den Grad der Unterschiede und die verwandtschaftlichen Beziehungen zwischen den lebenden Wild-, Primitiv- und Kulturformen prüfen, und er bedient sich hierzu der experimentellen Methoden der Kreuzung, um Einblick in die feineren Vorgänge der Verteilung des Erbgutes in den Geschlechtszellen und in der Nachkommenschaft zu gewinnen. Schließlich hat er festzustellen, welche physiologischen Leistungen Kulturpflanzen gegenüber ihren Wildformen auszeichnen, und er hat die physiologischen Prozesse im einzelnen zu untersuchen, die solche Leistungen bedingen.

Eine unerläßliche Voraussetzung für die Arbeit des Kulturpflanzenforschers ist die Sammlung und Erhaltung der auf der Erde vorhandenen Kulturpflanzen und ihrer Primitiv- und Wildformen. Diese Weltsortimente liefern ihm die Vielfalt der Formen, die er für seine Untersuchungen braucht, und ihre Anlage ist um so dringender, als mit fortschreitender landwirtschaftlicher Kultur überall auf der Erde die primitiven Landsorten mehr und mehr ersetzt werden durch hochgezüchtete Formen und daher endgültig verloren gehen. Gleichzeitig haben diese Sortimente die wichtige Aufgabe, die Züchtungsforscher der Welt mit den Formen zu versorgen, die sie zur züchterischen Verbesserung der Kulturpflanzen benötigen. Sie erfüllen damit eine große praktische Aufgabe.

Diese Formenmannigfaltigkeit der Kulturpflanzen ist nicht, wie wir seit den grundlegenden Untersuchungen des großen russischen Botanikers Nikolai Iwanowitsch Vavilov wissen, über die gesamte Erde gleichmäßig verteilt, sondern vielmehr konzentriert auf gewisse Gebirgsregionen der Tropen und Subtropen, den sog. Mannigfaltigkeits- oder Genzentren der Kulturpflanzen. In den Gebirgen dieser Genzentren haben nach unseren heutigen Erkenntnissen bestimmte extreme Umweltverhältnisse in großer Häufigkeit sprunghafte erbliche Veränderungen, die wir als Mutationen bezeichnen, entstehen lassen, und die sehr verschiedenen

Lebensbedingungen in den Gebirgstälern haben zusammen mit der Isolierung durch die Gebirgszüge die Erhaltung dieser Mutanten ermöglicht. Werden Kulturpflanzen von den Genzentren aus verbreitet, so erlischt ihre Formenmannigfaltigkeit, und sie werden um so einheitlicher, je weiter sie von ihrem Entstehungsgebiet entfernt sind.

Vavilov hat in zahlreichen Sammelreisen in der ganzen Welt die geographische Verteilung der Arten, Unterarten, Varietäten und einzelnen Merkmale studiert und 8 Mannigfaltigkeitszentren auf der Erde gefunden, von denen wir annehmen, daß sie für viele unserer Kulturpflanzen auch deren Entstehungszentren sind. Aber wir wissen andererseits, daß die große Formenfülle in einem Mannigfaltigkeitszentrum noch kein entscheidender Beweis für die Entstehung einer Kulturpflanze ist. Schon bei den Wanderungen der Menschen in der Frühzeit ihrer Geschichte wurden diese primitiven Formen verbreitet und haben in edaphisch und klimatisch günstigen Regionen eine neue, sekundäre Formenmannigfaltigkeit entwickelt. Hierdurch wird die Aufklärung der Frage, welche Wildformen an der Entstehung einer Kulturpflanze beteiligt sind, beträchtlich erschwert, und wir stehen für manche von ihnen noch heute vor einem ungelösten Problem. Nur eine fruchtbare Gemeinschaftsarbeit der Wissenschaftler kann eine Lösung dieser Probleme herbeiführen. Dies wird am Beispiel der Untersuchungen über die Entstehung des Saatweizens besonders deutlich.

Vorgeschichtliche und archäologische Funde haben uns darüber belehrt, welche Weizenformen in frühgeschichtlichen Epochen der Menschheit angebaut wurden. Ihre Verbreitung ist oft die Folge der Eroberungszüge und Wanderungen jener Stämme und Völker, über die uns der Historiker Auskunft gibt. Hieraus konnte der Pflanzengeograph durch vergleichende Untersuchungen verschiedener geschichtlicher Perioden das Verbreitungsareal und die Verbreitungsdichte dieser Pflanzen bestimmen. Der Systematiker war in der Lage, durch den Vergleich morphologischer Merkmale auf die morphologisch ähnlichsten Wildformen hinzuweisen, und

Genetiker und Cytologen machten durch neue Bastardierungen und cytologische Untersuchungen die Beteiligung bestimmter Wildformen an der Entstehung des Saatweizens sehr wahrscheinlich. Nur durch die Zusammenfassung vieler Einzeluntersuchungen konnte erkannt werden, welches die Geschichte der Entstehung des Saatweizens ist. In anderen Fällen war eine Übereinstimmung der an diesen Untersuchungen beteiligten Forscher in bestimmten Einzelfragen der Entstehungsgeschichte einer Kulturpflanze noch nicht zu erzielen. Hier sind gewisse Brennpunkte der Forschung, und nur die sorgfältige Sammlung weiterer Materialien und neuer experimenteller Befunde kann die Lösung bringen.

Grundsätzlich aber haben uns die Untersuchungen über die Entstehung von Kulturpflanzen darüber wohl eindeutige Auskunft gegeben, daß dieselben genetischen Prozesse, die wir an den Versuchsobjekten der Vererbungsforscher seit Jahrzehnten studieren, auch bei der Entstehung der Kulturpflanzen eine entscheidende Rolle gespielt haben. Dabei sind die Vorgänge im besonderen beteiligt, die wir unter dem Gesamtbegriff der Mutation zusammenfassen. Als es uns gelang, mit Hilfe der experimentellen Mutationsforschung die gesamte Formenfülle der Gersten, die auf der Welt vorhanden sind, wieder zu erzeugen, waren wir berechtigt, zu schließen, daß auch die in der Natur vorhandene Formenfülle durch die gleichen Vorgänge bedingt wurde.

Aber ich muß noch einen weiteren biologischen Prozeß hervorheben, der nicht nur bei der Entstehung von Kulturpflanzen, sondern in der gesamten Evolution eine wichtige Rolle spielt, weil er der mutativ bedingten Formenmannigfaltigkeit folgen muß, um die Formenfülle weiter zu steigern. Ich meine den Prozeß der Bastardierung, der ganz allgemein eine stetige und vielfältige Neukombination der Erbanlagen bewirkt, und der in Verbindung mit bestimmten Besonderheiten der Zellteilungsmechanismen, die zur Verdoppelung oder Vervielfachung des Erbgutes in den Zellen führen, bei der Entstehung der Kulturpflanzen entscheidend mitgewirkt hat. Denn viele unserer Kulturpflanzen zeichnen sich gegenüber den Wildformen, aus denen sie entstanden, dadurch aus, daß sie eine vermehrte Zahl von Erbträgern, die wir Chromosomen nennen, in ihren Zellen enthalten und als Folge dieser Vermehrung Riesenwuchs zeigen. Diese Verdoppelung oder Vervielfachung der Chromosomensätze bezeichnen wir als Polyploidie, und im besonderen hat ein Vorgang, den wir Allopolyploidie nennen, bei der Entstehung der Kulturpflanzen eine bedeutende Rolle gespielt. Wir kennen diesen Vorgang aus zahlreichen Einzeluntersuchungen sehr genau. Er beginnt mit der Kreuzung verschiedener Arten mit oft unterschiedlicher Chromosomenzahl, die zu einem sterilen Bastard führt. Dieser Bastard wird aber dann durch eine Verdoppelung der Chromosomenzahl beider Elternarten fertil und trägt den Charakter eines konstant gewordenen Artbastardes und ist nach seinem Wesen eine neue Art. Dieser natürliche synthetische Prozeß läßt sich experimentell wiederholen und so mit Sicherheit aussagen, welche Wild-Elternarten an der Entstehung einer allopolyploiden Kulturpflanze beteiligt sind. So ist, um nur einige Beispiele zu nennen, unser Tabak Nicotiana tabacum eine synthetische Art aus den Wildarten Nicotiana silvestris und Nicotiana tomentosa, unser Raps Brassica napus aus dem Kohl Brassica oleracea und dem Rübsen Brassica campestris entstanden. Die verschiedenen Weizenarten, die auf der Welt verbreitet sind, verdanken zum Teil ebenfalls ihre Entstehung der Bastardierung verschiedener Wildgras-Arten mit anschließender Vermehrung der Chromosomenzahl. Bei der Entstehung der Kulturkartoffeln sind vermutlich ähnliche Vorgänge im Spiel gewesen. Diese Vervielfachung der Chromosomensätze ist eine wesentliche Ursache für die bessere Anpassungsfähigkeit und oft weltweite Verbreitung unserer Kulturpflanzen, da sie gleichzeitig auch eine beträchtliche Steigerung der Leistung dieser Formen hervorgebracht hat, vermutlich durch die Selektion der in Vielzahl vorliegenden leistungssteigernden Erbanlagen.

Wenn wir also für manche unserer Kulturpflanzen die Art ihrer Entstehung und ihrer Verbreitung genau verfolgen können und uns hierzu vorgeschichtlicher und archäologischer Funde und der Methoden der Systematik und Pflanzengeographie, der Genetik und Cytologie bedienen, so geben uns andere, vor allem, wenn ihre Wildformen heute ausgestorben sind, noch große Rätsel auf.

Dies ist z. B. der Fall bei einer der bedeutendsten Kulturpflanzen auf der Welt, dem Mais. Vom Mais wissen wir heute nur mit Sicherheit, daß er in Amerika, etwa im Bereich der südlichen Staaten der USA als der nördlichen Grenze und etwa Paraguay als der südlichen Grenze, als Kulturpflanze entstanden ist. Das haben uns neben einer Anzahl von botanischen Hinweisen wiederum einige geisteswissenschaftliche Disziplinen gelehrt. Es gibt keinen vorgeschichtlichen oder archäologischen Fund von Mais in der Alten Welt. Kein geschichtliches Werk weist darauf hin, daß Mais vor der Entdeckung Amerikas in der Alten Welt bekannt war. Die Pflanze ist mit keiner Mythologie und Religion der Alten Welt verbunden. Dagegen haben die Sprachen der altamerikanischen Völker zahlreiche und differenzierte Bezeichnungen für Mais, Maispflanzenteile und für Maisprodukte, und in der Mythologie und Religion der mexikanischen und peruanischen Kulturen spielt er eine bedeutende Rolle. Botanik und Pflanzengeographie zeigen uns andererseits, daß die nächsten Maisverwandten, die Gattungen Euchlaena und Tripsacum nur im mittleren Amerika vorkommen, und daß im gleichen Gebiet auch die Formenmannigfaltigkeit des Mais besonders groß ist. So sprechen die Überlegungen aller Disziplinen dafür, daß Mittelamerika das Entstehungszentrum des Mais ist, wobei die Frage noch offen bleiben muß, ob Mexiko oder Peru als primäres Entstehungszentrum anzusehen ist.

Weiteres Licht in diese Frage haben in den letzten Jahren wiederum vorgeschichtliche Untersuchungen und auch Arbeiten kernphysikalischer Natur gebracht. Durch Höhlenausgrabungen in Bat Cave im Staate Neu Mexico wurden von amerikanischen Forschern in verschiedenen Bodenschichten zahlreiche guterhaltene Maisreste gefunden, die es gestatten, die Entwicklung des Maiskolbens während einiger Jahrtausende zu verfolgen. Dabei enthielt die älteste Schicht Formen, die wir heute nicht mehr kennen, und zwar kleine, schlanke Kolben, mit entwickelten Spelzen, die die einzelnen Körner umschlossen haben. Wir wissen nun durch amerikanische Untersuchungen von Altersbestimmungen organischer Substanz mit Hilfe des Zerfalls des radioaktiven Kohlenstoffisotops C 14, daß die ältesten Kolben von Bat Cave 3000 bis 3500 Jahre alt sind. Aber auch diese Maisformen sind schon kultivierte Formen gewesen, und es fehlt uns bis heute jeder Anhaltspunkt, wie die ausgestorbenen Wildformen, die an der Entstehung des Mais beteiligt waren, ausgesehen haben. Wir müssen annehmen, daß seine Entstehung um Jahrtausende älter ist und in die Dunkelheit frühester Menschheitsgeschichte zurückreicht.

Ich hoffe, daß Sie aus diesen wenigen Beispielen zweierlei erkannt haben. Einmal die Tatsache, wie notwendig die Zusammenarbeit natur- und geisteswissenschaftlicher Disziplinen auf dem Gebiet der Kulturpflanzenforschung ist, wie neben allem notwendigen Spezialistentum nur die Synthese die großen Zusammenhänge zwischen biologischen und gesellschaftlichen Prozessen bei der Entstehung und Ausbreitung einer Kulturpflanze erkennen läßt. Es muß leider gesagt werden, daß die Erkenntnis von der Notwendigkeit fruchtbarer Zusammenarbeit, besonders in Deutschland, noch immer auf Widerstände stößt, weil so manche Wissenschaftler glauben, daß sie in der persönlichen Freiheit des Forschens und in ihrer Anerkennung beeinträchtigt würden, wenn sie sich einer echten Gemeinschaft der nach einem großen wissenschaftlichen Ziel Strebenden eingliedern. Hier sind grundsätzliche Änderungen in unseren Auffassungen vom Wert wissenschaftlicher Arbeit dringend erforderlich, die neben der hochspezialisierten Einzelleistung die geschlossene Gemeinschaftsarbeit einer Gruppe von Wissenschaftlern als gleichberechtigt ermöglichen.

Zum anderen mögen Sie aus meinen Beispielen entnommen haben, daß wir für viele Kulturpflanzen den Weg, den sie bei ihrer Entstehung gegangen sind, schon klar erkennen. Dies gibt uns die Möglichkeit, zu prüfen, welche Wege heute experimentell beschritten werden können, um neue Kulturpflanzen zu schaffen. Dabei handelt es sich hier nicht nur um die Frage, welche Aussichten bestehen, Kulturpflanzen anderer, klimatisch bevorzugter

Länder bei uns zu akklimatisieren und zu selektionieren, um sie anbauwürdig zu machen, sondern in erster Linie darum, aus Wildpflanzen oder schon in bestimmter Hinsicht genutzten Pflanzen wirkliche Kulturpflanzen zu schaffen. Im großen Rahmen der Kulturpflanzenforschung gehören diese Aufgaben in den engeren Bereich der Züchtungsforschung, die unter Mitwirkung vieler biologischer Teilgebiete an einer Verbesserung unserer Kulturpflanzen und an der Umwandlung von Nutzpflanzen in Kulturpflanzen arbeitet.

Von Nutzpflanzen sprechen wir, wenn diese Pflanzen in ihren natürlichen Beständen oder auch schon im Anbau einer bestimmten Eigenschaft wegen genutzt werden, wenn sie aber daneben noch viele Merkmale und Eigenschaften von Wildformen zeigen. Viele Heilkräuter und eßbare Beeren tragende Sträucher, die in unseren Wäldern wachsen, sind solche Nutzpflanzen. Unsere Waldbäume sind in vielen Gebieten der Erde Nutzpflanzen einer höheren Stufe, indem sie bereits durch die vorausschauende Planung des Menschen angebaut werden, und sie befinden sich überall da im Übergang zur Kulturpflanze, wo nun an der Verbesserung ihrer Leistung in dieser oder jener Hinsicht gearbeitet wird. Es gibt kein besseres Beispiel, das Ihnen die Entwicklung einer Nutzpflanze zur Kulturpflanze zeigen kann, als das Beispiel der Lupine, die in den letzten 30 Jahren auf der Grundlage biologischer Erkenntnisse zu einer Kulturpflanze geworden ist, indem ganz planmäßig eine Anzahl von Wildmerkmalen und -eigenschaften durch Kulturmerkmale und -eigenschaften ersetzt wurden. Hierfür sind in erster Linie einfache mendelnde Mutationen verantwortlich gewesen.

Von den im Mittelmeergebiet beheimateten Lupinenarten ist die weiße Lupine schon im Altertum landwirtschaftlich genutzt worden, während die gelbe und die blaue Lupine erst viel später angebaut wurden. Alle 3 Arten dienten im wesentlichen der Gründüngung, um den Boden mit Stickstoff und Humus anzureichern. Sie wurden sicherlich bald, nachdem man sie als wertvolle Nutzpflanzen erkannte, auf Größe der Samen und Üppigkeit des Wachstums selektioniert, behielten aber in den meisten anderen

Merkmalen den Charakter von Wildpflanzen. Im besonderen zeichneten sie sich durch einen hohen Alkaloidgehalt aus, der sie zur Verfütterung an Tier und Mensch unbrauchbar und damit ihren hohen Eiweißgehalt nicht verwertbar machte. Die Verminderung des Alkaloidgehaltes, also die erbliche Umwandlung der Bitterlupine in eine Süßlupine, gelang vor 30 Jahren Reinhold von Sengbusch im Kaiser-Wilhelm-Institut für Züchtungsforschung in Müncheberg, der Millionen von Einzelpflanzen chemisch prüfen mußte, ehe er die sehr seltenen Mutationen zur Alkaloidarmut fand und sie vermehren konnte. Diesem wichtigen Schritt auf dem Wege zur Kulturpflanze folgten bei der Lupine bald weitere: das Nichtplatzen der reifen Hülsen und das Festsitzen der Hülsen am Fruchtstand zur Sicherung des Samenertrages, die Unbehaartheit der Hülsen zur Verbesserung der Qualität und Keimfähigkeit der Samen, die Weichschaligkeit der Samen als Voraussetzung für eine gleichmäßige Keimung, eine schnelle Jugendentwicklung, gleichmäßige Blüte und Reife aller Fruchtstände und schließlich die Anpassung an verschiedene Bodenarten und die Resistenz gegen Krankheiten. Alle diese Merkmale und Eigenschaften sind in planmäßigen Versuchen als spontane oder experimentell erzeugte Mutationen gefunden worden. Sie wurden im Kreuzungsexperiment kombiniert und haben aus der Lupine eine echte Kulturpflanze werden lassen. Wir haben keinen Grund zu zweifeln, daß viele andere Kulturpflanzen im Verlauf von Jahrtausenden in der gleichen einfachen Weise entstanden sind, während bei anderen der Weg von der Wildpflanze zur Kulturpflanze zwar die grundsätzlich gleichen genetischen Prozesse aufzeigt, die dann sekundär kompliziert wurden, etwa durch die Erscheinungen der Polyploidie, auf die ich vorhin schon hingewiesen habe.

Während wir im Fall der Lupine von einer schon angebauten Nutzpflanze ausgingen, sind die Kulturpflanzenforscher in allen Ländern bestrebt, mit Hilfe der Mutationsforschung neue Kulturpflanzen aus Wildpflanzen zu schaffen. Oft handelt es sich, wie bei der Lupine, darum, nährstoffreiche Wildpflanzen durch die Verminderung oder das Fehlen schädlicher Inhaltsstoffe nutzbar zu machen, wie die Befreiung des Steinklees Melilotus vom Cumarin, der Geisraute Galega vom Galegin. In anderen Fällen ist man bestrebt, Mutationen zu finden, die wertvolle Inhaltsstoffe in den Pflanzen anreichern, um sie damit kulturwürdig zu machen. Dabei spielen auch niedere Pflanzen, wie Pilze, Algen und selbst Bakterien, eine Rolle. So ist einer der ertragreichsten Penicillin-Stämme in Amerika experimentell nach Bestrahlung mit ultraviolettem Licht als Mutation entstanden. Sicherlich könnte auch die Alge Chlorella, deren photosynthetische Leistungsfähigkeit in Abhängigkeit von den Kulturbedingungen die Erträge unserer besten höheren Kulturpflanzen um das Vielfache übertrifft, noch weiter durch die Selektion von Stämmen, die die Sonnenenergie noch besser ausnutzen, in ihrer Produktion von Kohlenhydraten, Fett und Eiweiß gesteigert werden und damit ganz neue Möglichkeiten der Erweiterung der Nahrungsgrundlage schaffen, falls dies einmal erforderlich werden sollte. Schließlich kann man sich vorstellen, daß auch Bakterien, die als Symbionten unserer Kulturpflanzen von Bedeutung sind, eines Tages selbst zu Kulturpflanzen werden können, wenn sie durch den Willen des Menschen in einer zweckbestimmten Richtung entwickelt werden. Hier liegt ein großes Feld künftiger biologischer Arbeit im weiten Rahmen der Kulturpflanzenforschung vor uns, das wiederum in der Gemeinschaft von Mikrobiologen, Genetikern und Physiologen seine besten Ergebnisse zeigen wird.

Solche praktisch nutzbaren Probleme der Kulturpflanzenforschung gibt es sicherlich in großer Zahl. An ihrer Lösung zu arbeiten wird um so leichter sein, je besser die theoretischen Grundlagen der Biologie verstanden werden, insonderheit die Fragen der erblichen Variabilität und damit der Formbarkeit der Organismen. Diese in ihren stofflichen Grundlagen zu erkennen, also die chemisch-physiologischen und biochemischen Wirkungen der Erbanlagen auf ihrem Wege zum geprägten Merkmal und zur gebildeten Eigenschaft zu verstehen, ist ein Gebot moderner naturwissenschaftlicher Forschung, in seiner Bedeutung vergleichbar den Untersuchungen, die uns zur Erkenntnis vom Bau der Atome und der Wirkung atomarer Kräfte geführt haben.

Die Bedeutung der Kulturpflanzenforschung für die künftige Entwicklung der menschlichen Gesellschaft kann wohl nicht besser begründet werden als mit dem Hinweis auf die bange Frage, ob die auf der Welt vorhandene und mögliche Nahrungsgrundlage mit dem unaufhaltsamen Anwachsen der menschlichen Population Schritt halten kann. Die Weltbevölkerung beträgt gegenwärtig 2,7 Milliarden Menschen. Sie wächst stündlich um 5000 Menschen und jährlich um 43 Millionen. Sie wird sich am Ende des Jahrhunderts verdoppelt haben. Wieviele Menschen haben auf der Erde Raum? Wird es Brot für alle geben, oder werden bei gleichmäßiger Zunahme der Weltbevölkerung eines Tages noch mehr Menschen hungern und schließlich verhungern?

Wohl selten ist über ein so wichtiges und großes Problem so viel Gegensätzliches gesagt worden wie über die Frage der Beziehung von Nahrungsgrundlage zum Bevölkerungszuwachs, seit Malthus vor 150 Jahren lehrte, daß die Menschen sich in geometrischer Progression vermehren, die Nahrungsproduktion dagegen in arithmetischer Progression steigt. Wenngleich heute als gesichert gelten kann, daß die These von Malthus widerlegt ist, weil von ihm die Möglichkeiten der Nährwerterzeugung nicht übersehen werden konnten und in den letzten 100 Jahren eine Anzahl wichtiger Entdeckungen gemacht wurden, deren Anwendung die Nahrungsproduktion in manchen Ländern schneller steigen ließ als den Bevölkerungszuwachs, müssen wir uns dennoch vor oberflächlichem Optimismus hüten und nicht glauben, daß sich dieses entscheidende Problem der Menschheit von selbst erledige oder uns nichts mehr anginge, weil sich künftige Generationen damit auseinanderzusetzen haben. Es bedarf vielmehr sofort größter Anstrengungen und einer weitschauenden Planung im Weltmaßstab, um alle Voraussetzungen zu schaffen, damit Überschußgebiete ihre Produkte an Mangelgebiete abgeben und diese wieder hierdurch zu leistungsfähigen Gebieten entwickelt werden, damit sie in der Produktion von Nahrung mit dem Bevölkerungszuwachs

Schritt halten. Denn gerade die entwicklungsfähigen Zonen unserer Erde sind diejenigen des stärksten Geburtenüberschusses, während mit steigendem Wohlstand in der Regel der Bevölkerungszuwachs nachläßt oder ganz zum Stillstand kommt.

Die Steigerung der Leistungsfähigkeit unserer Kulturpflanzen und Haustiere und die Kontrolle der Entwicklung der Erdbevölkerung sind große biologische Aufgaben, die von gesellschaftlichen und damit politischen Problemen nicht zu trennen sind. Sie können nicht einseitig gelöst werden, sondern bedürfen des Zusammenwirkens einer Mehrzahl von Maßnahmen.

Für den Forscher steht dabei im Vordergrund das stete Bemühen um die Vermehrung wissenschaftlicher Erkenntnisse auf allen Teilgebieten der Biologie, die ihn den lebenden Organismus in allen Funktionen und Leistungen immer besser verstehen läßt. Erst die Klärung der wissenschaftlichen Grundlagen der Lebensprozesse ermöglicht ihre Ausnutzung zum Wohle der Menschen, und es ist eine wichtige und vordringliche Aufgabe, das große Reservoir biologischer Erkenntnisse ständig weiter zu füllen, um es dann für seine Anwendung in der Praxis auszuschöpfen.

Dazu gehört aber auch die Verbreitung wissenschaftlicher Ergebnisse in immer größeren Kreisen einer Bevölkerung durch ein vollkommenes System von Bildungsanstalten und Bildungsmöglichkeiten, denn die Überwindung des Nichtwissens ist eines der wirksamsten Mittel zur Erreichung des Wohlstandes auf dieser Erde. Wir wissen, mit welchem Ernst und welcher Zuversicht sich die noch entwicklungsfähigen Völker um die Verbesserung des Bildungswesens bemühen, wir wissen aber auch, wieweit noch hochzivilisierte Völker davon entfernt sind, das geistige Kapital in den Köpfen ihrer Menschen voll zu entfalten und zu nutzen.

Darüber hinaus berühren sich Wissenschaft und Wirtschaft in ihrem Bemühen um eine Steigerung der Nahrungsproduktion in engster Weise, und wenn wir die Frage stellen, durch welche Maßnahmen in der Welt die Gefahr des Hungers wohl beseitigt werden könnte, so sind es in erster Linie technische Entwicklungen, die eine Voraussetzung für die immer breitere Anwendung aller Erkenntnisse der Kulturpflanzenforschung sind.

Die Möglichkeit, den Nahrungsraum auf unserer Erde zu erweitern, sind bei dem gegenwärtigen Stand der Entwicklung der Völker verschiedener Art, wobei die Mobilisierung der vorhandenen Reserven an erster Stelle steht. Wie schnell sich diese Reserven mobilisieren lassen, gehört in den Bereich der Arbeit der Staatsmänner und Politiker. Es sind schwerwiegende Probleme, die sicherlich nur auf der Grundlage des guten Willens und eines wohlausgebauten Systems der gegenseitigen Hilfe gelöst werden können.

Bei einer also mehr theoretischen Betrachtung dessen, was geschehen kann, dürfen wir nie vergessen, daß sich der größte Teil der Landwirtschaft auf unserer Erde noch im Zustand primitiver Landwirtschaft oder bestenfalls des Übergangs von primitiver zu moderner Landwirtschaft befindet. Bei vorsichtiger Schätzung ist anzunehmen, daß die Ackerfläche der Erde ohne Schaden noch auf das Doppelte der heutigen Fläche vermehrt werden kann. Die Urbarmachung großer Gebiete, die genügend Wasser enthalten, spielt im dicht bevölkerten Europa kaum noch eine Rolle, sie ist auf Asien und manche Gebiete der Tropen beschränkt, die nur zu einem Bruchteil landwirtschaftlich genutzt werden. Hier kann mit Hilfe agrotechnischer Maßnahmen Neuland durch Umbruch und Kultivierung geschaffen werden. Ähnliches gilt für die großen Trockengebiete dieser Erde, die durch die Anlage von Staudämmen im Mündungsgebiet, im Mittellauf und im Quellgebiet der großen Ströme, in fruchtbare Regionen verwandelt werden können. Nur ein geringer Prozentsatz der in diesen Strömen zum Meer abfließenden Wassermenge wird heute genutzt, und Länder, wie Ägypten, China, Indien u. a., lassen die großen Möglichkeiten in der Erweiterung der Nahrungsproduktion erkennen, die eine Bändigung der großen Ströme bewirken könnte.

Aber die Gewinnung von Neuland durch Umbruch und Bewässerung steht nicht einmal im Vordergrund bei allen Überlegungen, wie die Nahrungsgrundlage bis zum Ende dieses Jahrhunderts bei einer Verdoppelung der Weltbevölkerung zu entwickeln sei.

Das Hauptproblem besteht in einer Steigerung der Hektarerträge auf den schon landwirtschaftlich genutzten Flächen, also die Erreichung einer entsprechend den jeweiligen Bedingungen höchsten Intensitätsstufe. Sie kann unter Ausnutzung vieler schon längst bekannter wissenschaftlicher Tatsachen herbeigeführt werden.

Einmal durch die Verbesserung der Bodenbearbeitung und der Pflege der Kulturen durch den zunehmenden Einsatz von landwirtschaftlichen Maschinen. Hier liegen bedeutende Reserven, wenn man bedenkt, daß große Teile der Welt noch mit primitiven Handgeräten bearbeitet werden. Zweitens durch eine immer bessere Anwendung der Erkenntnisse der Agrikulturchemie zur Erhaltung und Steigerung der Bodenfruchtbarkeit durch die Zufuhr von Pflanzennährstoffen, die nur in ganz wenigen Teilen der Welt, wie etwa in Japan, in annähernd ausreichendem Maße gegeben werden. Dabei ist der Nährstoffversorgung der Wiesen und der Weiden besondere Aufmerksamkeit zu schenken. Das Studium der Wirkung einzelner Nährstoffe, die Entwicklung der Düngemittelindustrie und die Erschließung natürlicher Lagerstätten werden uns auf lange Sicht von der Gefahr des Hungers befreien können. Drittens durch die Anwendung der Ergebnisse der Pflanzenzüchtung und die Bereitstellung ertragreicher Sorten unserer Kulturpflanzen, die den jeweiligen Umweltverhältnissen am besten angepaßt sind und die resistent sind gegen pflanzliche und tierische Krankheitserreger. Viertens schließlich wird eine weitere indirekte Ertragssteigerung aller landwirtschaftlich genutzter Flächen möglich sein, wenn es gelingt, die durch das Studium der Krankheitserreger gefundenen Bekämpfungsmaßnahmen in großem Maßstab und mit technischen Hilfsmitteln anzuwenden, mit denen die sonst hohen Verluste auf den genutzten Flächen vermieden werden, und wenn weiterhin die Vorräte an Ernteprodukten durch geeignete Maßnahmen der richtigen

Lagerung und Aufbewahrung in vollem Maße ihrer Verwendung zugeführt werden.

Die Steigerung der Pflanzenproduktion auf der Grundlage wissenschaftlicher Erkenntnisse der Kulturpflanzenforschung durch die Entwicklung technischer und industrieller Einrichtungen wird eine Steigerung der Produktion tierischer Erzeugnisse zur unmittelbaren Folge haben. Auch hier können noch ungeahnte Reserven mobilisiert werden und viele neue Ergebnisse der Wissenschaft Anwendung finden. Bedenken wir nur, welche unerschöpfliche Quelle an tierischem Eiweiß die großen Meere unserer Erde darstellen, die nur an küstennahen Gebieten bisher genutzt wird.

Damit sind aber längst nicht alle Möglichkeiten, die uns zur Steigerung der Nahrungsproduktion zur Verfügung stehen, genannt. Die Reserven sind groß und könnten uns zu einer durchaus optimistischen Haltung veranlassen, wenn man ernsthaft beginnen würde, sie zu nutzen. Es handelt sich ja nicht allein darum, den steten Bevölkerungszuwachs auf der Erde mit zu ernähren, sondern vordringlich darum, etwa der Hälfte der auf der Erde lebenden Menschen ausreichende Nahrung zur Verfügung zu stellen, die sie bisher nicht erhalten.

Auch findet die Erweiterung des Nahrungsraumes durch Landgewinnung in vielen dichtbevölkerten Ländern, also auch bei uns in Deutschland, eine Grenze durch den hohen Bedarf an Wohnraum, an Erholungsgebieten und an Schutzgebieten für eine möglichst ursprüngliche und natürliche Landschaft, auf die wir nicht verzichten können im Interesse der Volksgesundheit und der Wissenschaft und um der Würde des Menschen willen. Die Forderung nach einer umfassenden Raumplanung wird daher immer dringender, damit Fehlplanungen großen Stils vermieden werden, wie sie sich heute schon hier und da auf der Welt bemerkbar machen.

Zu diesen großen Fehlleistungen der Menschheit gehört aber auch die Investition von Milliarden in unfruchtbaren Rüstungsunternehmungen und militärischen Einrichtungen, anstatt diese

Ausgaben durch eindeutige Abmachungen international auf ein Minimum zu beschränken und die damit freiwerdenden Mittel endlich für die Gewinnung von Wohnraum, von Kulturland, von Nahrung und für die Förderung der Wissenschaft einzusetzen. Erst wenn dieser Zeitpunkt gekommen sein wird, könnten wir dem Problem des Wettlaufs zwischen Bevölkerungszuwachs und Erweiterung der Nahrungsbasis mit einiger Aussicht auf eine befriedigende Lösung entgegensehen.

In den entwicklungsfähigen Ländern aber, in denen die Nahrungsproduktion für die nächste Zukunft noch nicht mit dem Bevölkerungszuwachs Schritt halten kann, werden noch weitere biologische und medizinisch-hygienische Erkenntnisse Verbreitung finden müssen, die in China schon heute aus der großen Sorge für die Gesundheit des Volkes diskutiert werden, die Fragen einer verantwortungsbewußten Geburtenkontrolle.

Eine Lösung dieser vielfältigen Aufgaben, an denen die Bedeutung der Kulturpflanzenforschung im weitesten Sinne immer wieder erkennbar ist, wird nur Schritt für Schritt möglich sein. Sie wird ihre tiefe Befriedigung in dem Weg zu dem höchsten Ziel finden, das wir alle vor Augen haben, der Ächtung des Krieges und der Geburt des Friedens auf dieser noch so friedlosen und unvollkommenen Erde.

Diese unauslöschliche Wahrheit zu erkennen und ihr durch seine Arbeit zu dienen, erfüllt den Forscher bei allen Widerständen, die sich auf diesem Wege entgegenstellen, mit der ruhigen Gewißheit von dem guten Sinn seiner Arbeit, und er mag sich eines Wortes erinnern, das Gotthold Ephraim Lessing einst geschrieben hat:

„Nicht die Wahrheit, in deren Besitz irgendein Mensch ist, oder zu sein vermeinet, sondern die aufrichtige Mühe, die er angewandt hat, hinter die Wahrheit zu kommen, macht den Wert des Menschen. Denn nicht durch den Besitz, sondern durch die Nachforschung der Wahrheit erweitern sich seine Kräfte, worin allein seine immer wachsende Vollkommenheit bestehet."